Bibliographic information published by the German National Library:

The German National Library lists this publication in the National Bibliography; detailed bibliographic data are available on the Internet at http://dnb.dnb.de .

Imprint:

Print and binding: Books on Demand GmbH, Norderstedt Germany
ISBN: 9783668713048

This book at GRIN:

https://www.grin.com/document/427065

Ricardo Reyes Rodríguez

Optimización de técnicas inmunohistoquímicas y de hibridación in situ no radiactiva para la detección y colocalización del péptido neurotensina y su receptor en adenohipófisis de rata

GRIN Verlag

MÁSTER EN BIOTECNOLOGÍA

UNIVERSIDAD AUTÓNOMA DE MADRID

UNIVERSIDAD AUTÓNOMA DE MADRID

OPTIMIZACIÓN DE TÉCNICAS INMUNOHISTOQUÍMICAS Y DE HIBRIDACIÓN *IN SITU* NO RADIACTIVA PARA LA DETECCIÓN Y COLOCALIZACIÓN DEL PÉPTIDO NEUROTENSINA Y SU RECEPTOR EN ADENOHIPÓFISIS DE RATA

Memoria presentada para optar al grado de Máster en Biotecnología por la Universidad Autónoma de Madrid por:

Ricardo Reyes Rodríguez

Junio 1.997

INDICE

1.- INTRODUCCIÓN

La inmunohistoquímica es una técnica que permite localizar moléculas en los tejidos mediante utilizando para ello anticuerpos (proteínas del tipo inmunoglobulina G). La técnica, por la gran especificidad y alta afinidad que tiene los anticuerpos para reconocer moléculas y unirse a ellas, permite detectar cantidades ínfimas de moléculas presentes en el tejido. La inmensa mayoría de técnicas inmunohistoquímicas pueden aplicarse a tejido fijado e incluido en parafina o a criosecciones con buenos resultados, siempre que la fijación tisular, su procesado e inclusión se realicen se realicen de forma adecuada, ya que la utilización de métodos y reactivos inapropiados, puede producir pérdida total o parcial antigenicidad que limitarán e impedirán la obtención de resultados fiables. Igualmente, para el procesado de secciones de tejido con técnicas de hibridación *in situ,* para la detección de moléculas específicas de ácido ribonucleico mensajero (*mARN)* mediante el uso de sondas, son aplicables los mismos fundamentos además del empleo de reactivos y material estéril, dada la labilidad de las moléculas de ácido ribonucleico (ARN).

El trabajo desarrollado en esta memoria experimental ha consistido en la puesta a punto y optimización de una serie de técnicas inmunohistoquímicas para la detección de un único antígeno, para la colocalización de dos antígenos en un mismo tipo celular y para la detección simultánea de dos antígenos mediante doble marcaje inmunoquímico. En concreto los antígenos a detectar han sido el péptido neurotensina (NT) y su receptor (NTR), así como diferentes hormonas en la adenohipófisis de rata. Por otra parte, se ha desarrollado y puesto a punto la técnica de hibridación *in situ* no radiactiva para la detección de secuencias específicas de *mARN* correspondientes al gen de la *neurotensina/neuromedina N* en adenohipófisis de rata. La línea de investigación en la que se encuadra la presente memoria de máster y que desarrolla el grupo de la Dra. Aixa Rodríguez Bello, lleva por título, "péptidos y regulación neuroendocrina en mamíferos".

Está línea de investigación se centra en el estudio de la regulación de determinados aspectos de la función neuroendocrina, en relación con la reproducción en mamíferos, utilizando como modelo experimental la rata sprague-dawley®. Como bien es sabido, los lóbulos tuberal, anterior e intermedio de la hipófisis constituyen la adenohipófisis y son tres órganos endocrinos bien definidos anatómicamente que al menos, en algunas especies, contienen 14 o más sustancias activas (1,3,4,8-11). Las seis hormonas producidas en la hipófisis anterior son la hormona estimulante del tiroides (TSH, tirotropina); la hormona adrenocorticotrópica (ACTH), la hormona luteinizante (LH); la hormona folículo estimulante (FSH); la prolactina (PRL) y la hormona del crecimiento (STH o GH) (2). La ACTH, la PRL y la GH, químicamente son polipéptidos o proteínas, mientras que la TSH, la FSH y la LH químicamente son glucoproteínas. La ACTH, TSH, FSH y LH son hormonas tróficas es decir hormonas cuya función principal es estimular la secreción de otras glándulas endocrinas situadas a nivel periférico, y en el caso de la hormona de crecimiento, actuar entre otras localizaciones a nivel hepático estimulando la producción de somatomedinas que actuarán a su vez produciendo diferentes respuestas en dianas periféricas (2).

Además, el lóbulo anterior de la hipófisis produce y secreta una hormona, la β-Lipotropina (2,3). Este polipéptido lineal de 91 aminoácidos y cuyo papel funcional se desconoce por el momento contiene las secuencias de aminoácidos correspondientes a otros péptidos activos como son las endorfinas y las encefalinas, las cuales se unen a los receptores de opiáceos modulando diferentes funciones en el organismo (2,3). Por otro lado, los lóbulos anterior e intermedio contienen otros derivados de la molécula de pro-opiomelanocortina (POMC) hormonalmente activos (2,3). Las hormonas producidas a nivel hipotalámico y secretadas a nivel del lóbulo posterior de la hipófisis, la neurohipófisis, en los mamíferos son la oxitocina y la vasopresina, ambas de naturaleza peptídica (2). Además de las hormonas tróficas sintetizadas por el lóbulo anterior de la hipófisis, hace algunos años se observó que las células endocrinas de ésta región de la hipófisis sintetizan y liberan una serie de péptidos, conocidos genéricamente como péptidos reguladores o péptidos moduladores, algunos de los cuales se asilaron inicialmente a partir del tracto digestivo, mientras que otros fueron originalmente descritos en el sistema nervioso central como es el caso de la NT, aislada inicialmente de hipotálamo bovino (5-7).

Estos péptidos son sintetizados por las células adenohipofisarias y en la mayoría de los casos estudiados se almacenan en vesículas secretoras conjuntamente con la hormona específica sintetizada por ese tipo celular (1), es decir que ambas sustancias se colocalizan en el mismo gránulo secretor y presumiblemente se liberan de manera conjunta. Entre los péptidos que expresan las células del lóbulo anterior de la hipófisis se encuentran la galanina (Gal), el neuropéptido Y (NPY), la neurotensina (NT), α-Neoendorfina (α-Neo) y el péptido intestinal vasoactivo (VIP) entre otros (1,3,4,8-11). Concretamente la línea de investigación en la que se encuadra este trabajo, se centra en el estudio del papel de uno de estos péptidos, la neurotensina (NT) como regulador de la función gonadal en la rata. Estudios previos han puesto de manifiesto que la NT, al igual que otros péptidos, es sintetizada en las células de la hipófisis anterior, se ha demostrado además que el péptido, una vez sintetizado, es almacenado y presumiblemente coliberado con la correspondiente hormona, en concreto se ha visto que la NT es sintetizada en el caso de la rata, únicamente en dos tipos celulares de la hipófisis anterior, las células tireotropas productoras de TSH y las células gonadotropas productoras de FSH y LH (1). Se ha comprobado, además, la existencia de dimorfismo sexual en el animal adulto, y que, en ratas hembra adultas, la expresión de NT presenta un patrón de expresión característico que se repite a lo largo del ciclo estral y que implica la expresión transitoria del péptido en los dos tipos celulares descritos (datos no publicados, 12). Además, se ha observado que la NT aparece tempranamente durante el desarrollo posnatal en ambos sexos con un patrón de expresión similar y diferente al observado en los animales adultos.

En la hembra adulta, la NT presenta un patrón de expresión cíclico bien definido que varía a lo largo de su ciclo sexual, mientras que el macho adulto presenta un patrón de expresión característico y estable, que no varía, y diferente al de la hembra (datos no publicados). Además, se ha visto que la expresión de NT varía sustancialmente tanto en las hembras como en los machos cuando se someten a castración (1). Si bien se observa que la expresión de NT tiende a recuperarse con el tiempo, nunca llega a presentar el patrón inicial observado antes de la castración. Sin embargo, en animales castrados sometidos a un tratamiento hormonal de reemplazo, se produce una recuperación del patrón de expresión, siendo muy similar al observado antes de la castración (1). Esta recuperación de la expresión de NT con el tratamiento hormonal de reemplazo, se observa de forma clara en los machos adultos sin embargo, en las hembras el resultado no es tan concluyente. Todos estos datos, junto con otros datos experimentales en los que se han determinado los niveles de esteroides gonadales a lo largo del desarrollo posnatal en machos y hembras permiten establecer la existencia de una relación entre la NT producida en la adenohipófisis y los esteroides gonadales. Se piensa, y en ésta línea se está trabajando actualmente, en el posible papel de la NT como modulador de la función gonadal que podría actuar conjuntamente con las gonadotrofinas hipofisarias, FSH y LH, y que también podría actuar como modulador paracrino, es decir localmente sobre las propias células adenohipofisarias. Por ahora la presencia de NT en las células tireotropas continúa siendo objeto de controversia y su posible función no está clara de momento. Por un lado, podría existir una relación entre ambos ejes hipofisarios, el eje gonadal y el eje tiroideo, como parecen sugerir los datos experimentales y, por otro lado, la NT podría estar modulando de manera independiente la función de la glándula tiroides.

2.-JUSTIFICACIÓN y OBJETIVOS

Teniendo en cuenta la importancia de las técnicas de detección inmunoquímica y de hibridación *in situ* en los estudios de expresión génica, en esta memoria experimental nos planteamos los siguientes objetivos:

1. Utilizar diferentes modalidades de marcaje inmunohistoquímico, marcaje simple, doble marcaje secuencial y combinado, así como diferentes métodos de revelado, con el fin de optimizar los protocolos experimentales y mejorar las técnicas de detección de NT, NTR y hormonas en la adenohipófisis de rata.
2. Desarrollar y poner a punto la técnica de hibridación *in situ* no radiactiva para la detección del *mARN* del gen de la *neurotensina/neuromedina N* en la adenohipófisis de rata.

3.- METODOLOGÍA

Las técnicas optimizadas y desarrolladas en ésta memoria experimental han sido técnicas inmunohistoquímicas y de hibridación *in situ* no radiactiva. Las técnicas se han utilizado para poner de manifiesto la expresión del péptido NT en la adenohipófisis de rata. Los experimentos se han llevado a cabo a lo largo del desarrollo posnatal, en determinados momentos fisiológicos de la vida adulta de la rata hembra (ciclo estral) y bajo determinadas condiciones experimentales (castración y suplementación con hormonas exógenas). La mayor parte de los experimentos han sido desarrollados aplicando técnicas inmunohistoquímicas, se han realizado diferentes variantes de la técnica con diversos objetivos, y en una última serie de experimentos se ha desarrollado y puesto a punto la técnica de hibridación *in situ* no radiactiva para la detección del *mARN* específico del gen de la *neurotensina/neuromedina N* con el fin de continuar los estudios sobre el papel regulador de la NT en la adenohipófisis y en la función reproductora de la rata.

Las técnicas inmunohistoquímicas desarrolladas y optimizadas se detallan a continuación:

1.- Inmunolocalización de células NT-inmunoreactivas (ir), células FSH-ir y células TSH-ir en secciones individuales de tejido.

2.- Inmunocolocalización de NT con FSH y con TSH en la misma sección de tejido, en reacciones diferentes y secuenciales.

3.- Doble marcaje inmunohistoquímico para la detección conjunta de células NT-ir y células FSH -ir en una reacción simultánea y/o dos reacciones secuenciales parcialmente solapadas.

4.- Doble marcaje inmunohistoquímico para la colocalización el receptor de neurotensina, células NTR-ir, con las distintas hormonas adenohipofisarias.

4.- Detección del *mARN* específico del gen de la *neurotensina/neuromedina N* en adenohipófisis de rata mediante hibridación *in situ* no radiactiva.

Los animales utilizados en los experimentos de inmunohistoquímica fueron ratas macho y hembra de la cepa sprague-dawley® en diferentes estadios del desarrollo posnatal, ratas hembra adultas en cada una de las fases del ciclo estral, ratas hembra adultas castradas y tratadas con 17β-estradiol y progesterona y ratas macho adultas castradas y tratadas con testosterona.

Los animales se mantuvieron en el animalario bajo condiciones controladas de humedad y temperatura y con un ciclo de luz-oscuridad de doce horas además de alimento y agua *ad libitum*. Los animales sometidos a manipulación experimental fueron anestesiados mediante inyección intraperitoneal de ketolar® y sometidos a castración (ovariectomía bilateral en las hembras y orquidectomía bilateral en los machos). A continuación, y transcurrido un periodo variable entre 2 y 4 semanas los animales sometidos a castración fueron tratados algunos, con hormona exógena, mientras que otros fueron tratados con vehículo. En concreto, las hembras fueron tratadas mediante inyección subcutánea de, 17β-estradiol y progesterona, por un lado, y suero fisiológico por otro. A los machos les fue implantada subcutáneamente una cápsula de silastic® conteniendo testosterona, por un lado, y suero fisiológico por otro. Los animales sometidos a estas manipulaciones experimentales fueron posteriormente sacrificados a distintos tiempos con objeto de ver tanto los tanto los efectos de la castración como el efecto de la suplementación con esteroides gonadales sobre la expresión de NT en la adenohipófisis. Para el sacrificio, los animales fueron anestesiados con éter dietílico mediante inhalación y fijados mediante perfusión intracardiaca con una disolución fijadora de paraformaldehido al 4% y ácido pícrico al 0.2% en PBS 0.1 M. tras la fijación, se extrajo la hipófisis y se sometió a postfijación durante 3 horas en la misma disolución fijadora. Tras la fijación, las piezas se incubaron en una disolución de sacarosa al 20% p/v en tampón Coons durante 24 horas para crioprotección del tejido, previamente al proceso de inclusión por congelación. Tras la incubación en sacarosa, las piezas fueron incluidas o encastradas en Tisutex® (medio de inclusión para congelación de especímenes) y congeladas a -80ºC hasta el momento de realizar las criosecciones. Las secciones se realizaron en criostato (Reichert Jung 2800N frigocut, New York, USA). Se realizaron secciones de 10 micras que se recogieron sobre portobjetos gelatinados (portaobjetos previamente tratados con una disolución de gelatina y alumbre de cromo para lograr la adhesión firme de las secciones y evitar su pérdida durante el procesamiento); las secciones se almacenaron a -80ºC hasta el momento de ser procesadas.

Todos los antisueros específicos utilizados en este estudio (AS anti-NT, AS anti-NTR, AS anti-FSH y AS anti-TSH) fueron cedido por el Profesor Gerard Tramu (Laboratoire de Neurocytochimie Fonctionnelle, URA CNRS 339, Talance, France).

3.1.- Inmunolocalización de células NT-ir, células FSH-ir y células TSH-ir en secciones de tejido.

3.1.1.-Protocolo para la detección inmunoquímica de células NT-ir.

La composición de los tampones, se indica al final de ésta sección una vez descritos los diferentes protocolos experimentales.

Las secciones han de sacarse una hora antes del congelador de -80ºC y dejarlas secar completamente al aire, pues se corre el riesgo si no es así de que se despeguen en alguno de los pasos de la reacción. Una vez bien secas, las secciones se procesan de acuerdo con el siguiente protocolo experimental:

* Se someten a dos lavados consecutivos de 10’ en tampón Coons para hidratarlas.

* Se incuban durante 30' con una disolución de caseína o leche desnatada al 0.5% p/v preparada en tampón Coons. El objetivo de este paso es el bloqueo de los lugares de unión inespecíficos a los que puede unirse el anticuerpo con el fin de evitar o minimizar ruido de fondo.

* A continuación se lavan exhaustivamente durante 30' en tampón Coons, con dos cambios de 15’.

* A continuación se equilibran con una disolución del detergente aniónico Tritón X-100 al 0,2% v/v en tampón Coons con objeto de permeabilizar las membranas celulares y permitir una correcta difusión del anticuerpo a través del tejido.

* A continuación se incuban las secciones durante toda la noche (o/n) con el anticuerpo específico (antisuero anti-NT) a dilución 1/200 en la disolución de Tritón X-100 al 0,2% v/v en tampón Coons.

* Tras la retirada del anticuerpo específico, se lavan las secciones exhaustivamente durante 1 hora con tres cambios de 20’ para eliminar el exceso de anticuerpo que no se ha unido.

* A continuación se equilibran las secciones nuevamente con la disolución de Tritón X-100 al 0,2% v/v en tampón Coons.

* A continuación se incuban las secciones con el anticuerpo 2º (Fragmento F(ab')2 obtenido en cabra, anti-IgG de conejo conjugado a HRP (Peroxidasa de Rábano picante), BIOSYS, Paris, France) a dilución 1/100 en la disolución de Tritón X-100 al 0,2% v/v en tampón Coons durante 1 hora.

* A continuación se realizan tres lavados consecutivos de 10’ en tampón Coons para eliminar el exceso de anticuerpo 2º que no se ha unido.

* A continuación se equilibran los cortes durante 15' con tampón Tris-HCl pH=7,6, tampón en el que se llevará a cabo el proceso de revelado de la reacción inmunohistoquímica.

* A continuación, y una vez finalizadas las incubaciones con los diferentes anticuerpos, se procede al revelado de la reacción inmunoquímica, con el fin de visualizar los lugares en los que se ha unido el anticuerpo y por tanto donde se localiza el antígeno que queremos detectar. El revelado de la reacción se realiza en este caso utilizando como revelador o sustrato cromogénico 4-Cl,1-Naftol 0,4 mg/mL (Sigma, UK) y H_2O_2 al 0,2% v/v en tampón Tris-HCl pH=7,6. Esta disolución reveladora se prepara en el momento de usarla y en oscuridad. El revelado se realiza igualmente en oscuridad, y la aparición de la señal se sigue bajo el microscopio.

* Una vez se obtiene la señal, el revelado se detiene introduciendo las secciones nuevamente en tampón Tris-HCl pH=7,6 donde se lavan exhaustivamente 15'.
* A continuación, se lavan durante 15' más con agua destilada para eliminar restos de revelador que hayan podido quedar sobre el tejido.
* Una vez lavadas, las secciones se montan con glicerol tamponado (glicerol-tampón Coons en proporción 3:1), se deja escurrir el exceso de medio de montaje y ya están listas para su observación al microscopio óptico e interpretación.

Las secciones con ésta reacción se mantienen a 4ºC y en oscuridad para preservar la reacción el mayor tiempo posible, pues esta pierde intensidad con el tiempo. Como aclaración, mencionar que el precipitado de color azul-violáceo que genera este sustrato cromogénico (4-C1,1-Naftol) es insoluble en agua, pero es soluble en disolventes orgánicos tales como etanol, xileno, acetona, tolueno, etc. por ello las secciones se montan con un medio acuoso y no se deshidratan como ocurre también con otro de los reveladores que hemos utilizado. Además, el uso de este tipo de revelador, se debe a que una vez observadas las secciones con esta reacción y realizadas las fotografías oportunas, se procede a la eliminación de la misma y al re-procesado de las secciones para una segunda reacción inmunoquímica con la intención de poner de manifiesto el fenotipo hormonal de las células que expresan NT y comprobar tras el análisis de éstas con que hormona u hormonas coexiste o se colocaliza el péptido.

3.1.2 Protocolo de elución-retratamiento para la detección inmunoquímica de células FSH-ir/TSH-ir.

En primer lugar, se procede realizar la elución, es decir, la eliminación de la primera reacción inmunohistoquímica; para ello las secciones se introducen en tampón Coons hasta que el cubre se despegue por sí solo. A continuación, las secciones se someten a una secuencia de tres disoluciones según el siguiente protocolo:

- Se introducen las secciones en acetona durante unos segundos agitando los portaobjetos suavemente. En este paso se elimina por completo el precipitado de color generado durante el revelado de la primera reacción inmunoquímica.
- A continuación, se lavan las secciones en agua destilada
- Seguidamente se someten las secciones a una disolución de ácido sulfúrico (H_2SO_4) y permanganato potásico ($KMnO_4$) al 1% v/v durante 1' sin dejar de agitar los portaobjetos. En este paso se elimina el doble anticuerpo de la primera reacción inmunoquímica.
- A continuación, se lavan las secciones en agua destilada.
- Finalmente las secciones se tratan con una disolución de metabisulfito potásico ($K_2O_5S_2$) al 0,5% v/v durante unos segundos agitando los portaobjetos, con el fin de eliminar los restos de $KMnO_4$ que han podido colorear las secciones.
- A continuación, se lavan las secciones en agua destilada.

Una vez concluido este tratamiento las secciones están listas para ser procesadas para la 2ª reacción de detección inmunohistoquímica. El protocolo experimental seguido para ésta segunda reacción es básicamente el mismo descrito anteriormente parar la 1ª reacción con la única salvedad de que no es necesario el paso de saturación de los lugares de unión inespecíficos pues ya ha sido realizado en la 1ª reacción y lógicamente en este caso queremos detectar otras moléculas, con lo cual hemos de utilizar los anticuerpos específicos apropiados, y además hemos de revelar la reacción haciendo uso de otro sustrato cromogénico diferente y con otras características. A continuación, se describe el protocolo de forma abreviada, haciendo hincapié en los aspectos diferentes del protocolo anterior.

* Las secciones se someten a dos lavados consecutivos de 10'con tampón Coons.

* Se equilibran las secciones durante 15' con la disolución de Tritón X-100 al 0,2% v/v en tampón Coons.

* Incubación de las secciones con el anticuerpo específico (antisuero anti-FSH o anti-TSH) en disolución de Tritón X-100 al 0,2% v/v en tampón Coons durante toda la noche (o/n). Las diluciones utilizadas de los antisueros fueron las siguientes:

Antisuero anti-FSH (1/1000). Antisuero anti-TSH (1/800).

* Tras la retirada del anticuerpo específico, se lavan las secciones exhaustivamente durante 1 hora con tres cambios de 20' para eliminar el exceso de anticuerpo que no se ha unido.

* A continuación se equilibran las secciones nuevamente con la disolución de Tritón X-100 al 0,2% v/v en tampón Coons.

* A continuación se incuban las secciones con el anticuerpo 2º (Fragmento F(ab')2 obtenido en cabra, anti-IgG de conejo conjugado a HRP (Peroxidasa de Rábano picante), BIOSYS, Paris, France) a dilución 1/100 en la disolución de Tritón X-100 al 0,2% v/v en tampón Coons durante 1 hora.

* A continuación se realizan tres lavados consecutivos de 10' en tampón Coons para eliminar el exceso de anticuerpo 2º que no se ha unido.

* A continuación se equilibran los cortes durante 15' con tampón Tris-HCl pH=7,6, tampón en el que se llevará a cabo el proceso de revelado de la reacción inmunohistoquímica.

* A continuación, y una vez finalizadas las incubaciones con los diferentes anticuerpos, se procede al revelado de la reacción inmunoquímica, con el fin de visualizar los lugares en los que se ha unido el anticuerpo y por tanto donde se localiza el antígeno que queremos detectar. El revelado de la reacción se realiza en este caso utilizando como revelador o sustrato cromogénico 3,3-Diaminobencidina-tetrahidrochloride (DAB) 0,5 mg/mL (Sigma, UK) y H_2O_2 al 0,2% v/v en tampón Tris-HCl pH=7,6. Esta disolución reveladora se prepara en el momento de usarla y en oscuridad y se filtra. El revelado se realiza igualmente en oscuridad, y la aparición de la señal se sigue bajo el microscopio.

* Una vez se obtiene la señal, el revelado se detiene introduciendo las secciones nuevamente en tampón Tris-HCl pH=7,6 donde se lavan exhaustivamente 15'.

* A continuación se lavan durante 15' más con agua destilada para eliminar restos de revelador que hayan podido ensuciar las secciones.

*A continuación se procede a la deshidratación de los cortes en una serie de alcoholes de gradación creciente y en dos baños de toluol para aclarar

Alcohol 96º....................3'

Alcohol 100º I..............3'

Alcohol 100º II.............3'

Tolueno I......................3'

Tolueno II....................3'

Si la deshidratación está bien realizada, al introducir los cortes en el toluol este ha de permanecer transparente.

* Los cortes una vez deshidratados se montan con una gota de Eukitt (resina para el montaje de preparaciones permanentes) cuidando de que no se formen burbujas, se dejan secar y ya están listas para su observación al microscopio óptico e interpretación.

Las secciones con ésta reacción se guardan indefinidamente y a temperatura ambiente.

3.1.3.-Protocolo de doble marcaje para la detección inmunoquímica simultánea de células NT-ir y FSH-ir.

Las secciones han de sacarse una hora antes del congelador de -80ºC y dejarlas secar completamente al aire, pues se corre el riesgo si no es así de que se despeguen en alguno de los pasos de la reacción. Una vez bien secas, las secciones se procesan de acuerdo con el siguiente protocolo experimental:

* Se someten a dos lavados consecutivos de 10' en tampón Coons para hidratarlas.

* Se incuban durante 30' con una disolución de caseína o leche desnatada al 0,5% p/v preparada en tampón Coons. El objetivo de este paso es el bloqueo de los lugares de unión inespecíficos a los que puede unirse el anticuerpo con el fin de evitar o minimizar ruido de fondo.

* A continuación se lavan exhaustivamente durante 30' en tampón Coons, con dos cambios de 15'.

* A continuación se equilibran con una disolución del detergente aniónico Tritón X-100 al 0,2% v/v en tampón Coons con objeto de permeabilizar las membranas celulares y permitir una correcta difusión del anticuerpo a través del tejido.

* A continuación se incuban las secciones durante toda la noche (o/n) con el anticuerpo específico (antisuero anti-NT) a dilución 1/200 en la disolución de Tritón X-100 al 0,2% v/v en tampón Coons.

* Tras la retirada del anticuerpo específico, se lavan las secciones exhaustivamente durante 1 hora con tres cambios de 20' para eliminar el exceso de anticuerpo que no se ha unido.

* A continuación se equilibran las secciones nuevamente con la disolución de Tritón X-100 al 0,2% v/v en tampón Coons.

* A continuación se incuban las secciones con el anticuerpo 2º (Fragmento F(ab')2 obtenido en cabra, anti-IgG de conejo conjugado a HRP (Peroxidasa de Rábano picante), BIOSYS, Paris, France) a dilución 1/100 en la disolución de Tritón X-100 al 0,2% v/v en tampón Coons durante 1 hora.

* A continuación, se realizan tres lavados consecutivos de 10' en tampón Coons para eliminar el exceso de anticuerpo 2º que no se ha unido.

* A continuación, se lavan las secciones exhaustivamente durante 1 hora con tres cambios de 20' en tampón Coons para eliminar el exceso de anticuerpo que no se ha unido.

* Incubación de las secciones con el anticuerpo específico (antisuero anti-FSH) en disolución de Tritón X-100 al 0,2% v/v en tampón Coons durante toda la noche (o/n). Las diluciones utilizadas de los antisueros fueron las siguientes:

Antisuero anti-FSH (1/1000).

* Tras la retirada del anticuerpo específico, se lavan las secciones exhaustivamente durante 1 hora con tres cambios de 20' para eliminar el exceso de anticuerpo que no se ha unido.

* A continuación, se equilibrado de los cortes con tampón acetato sódico 0,05 M pH = 5.

* A continuación, y una vez finalizadas las incubaciones correspondientes a la primera reacción inmunoquímica, se procede al revelado de la misma con el fin de visualizar los lugares en los que se ha unido el anticuerpo anti-NT y por tanto donde se localiza el primer antígeno que queremos detectar. El revelado de la reacción se realiza en este caso utilizando como revelador o sustrato cromogénico el 3-amino,9-etil carbazol 0,4 mg/mL (Sigma, UK) y H_2O_2 al 0,2% v/v en tampón acetato sódico 0,05 M a pH = 5. Esta solución reveladora se prepara en oscuridad en el momento de usarla y se filtra. La aparición de la señal se sigue bajo el microscopio.

El precipitado que produce la reacción con este sustrato cromogénico es de color rojo vivo, es insoluble en agua, pero al igual que el 4-C1,1-Naftol es soluble en disolventes orgánicos, por lo que las secciones han de ser montados con un medio acuoso, generalmente glicerol tamponado, y nunca deshidratarlas. Las reacciones reveladas con este sustrato cromogénico se guardan igualmente a 4ºC y en oscuridad pues el color del precipitado va palideciendo con el paso del tiempo.

* Una vez realizado el revelado de la primera reacción inmunoquímica, se lavan las secciones 5' minutos en tampón acetato sódico 0,05 M pH = 5.

* A continuación, se lavan las secciones durante 15' en tampón Coons.

* A continuación, se equilibran las secciones con la disolución de Tritón X-100 al 0,2% v/v en tampón Coons.

* A continuación se incuban las secciones con el anticuerpo 2º (Fragmento F(ab')2 obtenido en cabra, anti-IgG de conejo conjugado a HRP (Peroxidasa de Rábano picante), BIOSYS, Paris, France) a dilución 1/100 en la disolución de Tritón X-100 al 0,2% v/v en tampón Coons durante 1 hora.

* A continuación, se realizan tres lavados consecutivos de 10' en tampón Coons para eliminar el exceso de anticuerpo 2º que no se ha unido.

* A continuación se equilibran los cortes durante 15' con tampón Tris-HCl pH=7,6, tampón en el que se llevará a cabo el proceso de revelado de la reacción inmunohistoquímica.

* A continuación, y una vez finalizadas las incubaciones correspondientes a la segunda reacción inmunoquímica se procede al revelado de la reacción inmunoquímica, con el fin de visualizar los lugares en los que se ha unido el anticuerpo anti-FSH y por tanto donde se localiza el segundo antígeno que queremos detectar. El revelado de la reacción se realiza en este caso utilizando como revelador o sustrato cromogénico 4-Cl,1-Naftol 0,4 mg/mL (Sigma, UK) y H_2O_2 al 0,2% v/v en tampón Tris-HCl pH=7,6. Esta disolución reveladora se prepara en el momento de usarla y en oscuridad. El revelado se realiza igualmente en oscuridad, y la aparición de la señal se sigue bajo el microscopio.

* Una vez se obtiene la señal, el revelado se detiene introduciendo las secciones nuevamente en tampón Tris-HCl pH=7,6 donde se lavan exhaustivamente 15'.

* A continuación se lavan durante 15' más con agua destilada para eliminar restos de revelador que hayan podido ensuciar las secciones.
* Una vez lavadas, las secciones se montan con una glicerina tamponada (Glicerol-tampón Coons en proporción 3:1, se deja escurrir el exceso de medio de montaje y ya están listas para su observación al microscopio óptico e interpretación.

3.1.4.-Protocolo de doble marcaje para la detección inmunoquímica simultánea de células NTR-ir y FSH-ir.

Para este caso concreto, el material se fijó con la disolución fijadora de paraformaldehido al 4% y ácido pícrico al 0,2% ya que se había comprobado en experimentos previos que el antisuero anti-NTR funciona mejor con este tipo de fijación.

Las secciones han de sacarse una hora antes del congelador de -80ºC y dejarlas secar completamente al aire, pues se corre el riesgo si no es así de que se despeguen en alguno de los pasos de la reacción. Una vez bien secas, las secciones se procesan de acuerdo con el siguiente protocolo experimental:
* Se someten a dos lavados consecutivos de 10' en tampón Coons para hidratarlas.
* Se incuban durante 30' con una disolución de caseína o leche desnatada al 0,5% p/v preparada en tampón Coons. El objetivo de este paso es el bloqueo de los lugares de unión inespecíficos a los que puede unirse el anticuerpo con el fin de evitar o minimizar ruido de fondo.
* A continuación se lavan exhaustivamente durante 30' en tampón Coons, con dos cambios de 15'.

* A continuación se equilibran con una disolución del detergente aniónico Tritón X-100 al 0,2% v/v en tampón Coons con objeto de permeabilizar las membranas celulares y permitir una correcta difusión del anticuerpo a través del tejido.

* A continuación se incuban las secciones durante toda la noche (o/n) con el anticuerpo específico (antisuero anti-NT) a dilución 1/200 en la disolución de Tritón X-100 al 0,2% v/v en tampón Coons.

* Tras la retirada del anticuerpo específico, se lavan las secciones exhaustivamente durante 1 hora con tres cambios de 20' para eliminar el exceso de anticuerpo que no se ha unido.

* A continuación se equilibran las secciones nuevamente con la disolución de Tritón X-100 al 0,2% v/v en tampón Coons.

* A continuación se incuban las secciones con el anticuerpo 2º (Fragmento F(ab')2 obtenido en cabra, anti-IgG de conejo conjugado a HRP (Peroxidasa de Rábano picante), BIOSYS, Paris, France) a dilución 1/100 en la disolución de Tritón X-100 al 0,2% v/v en tampón Coons durante 1 hora.

* A continuación, se realizan tres lavados consecutivos de 10' en tampón Coons para eliminar el exceso de anticuerpo 2º que no se ha unido.

* A continuación, se lavan las secciones exhaustivamente durante 1 hora con tres cambios de 20' en tampón Coons para eliminar el exceso de anticuerpo que no se ha unido.

* Incubación de las secciones con el anticuerpo específico (antisuero anti-FSH o anti-TSH) en disolución de Tritón X-100 al 0,2% v/v en tampón Coons durante toda la noche (o/n). Las diluciones utilizadas de los antisueros fueron las siguientes:

Antisuero anti-FSH (1/1000).

* Tras la retirada del anticuerpo específico, se lavan las secciones exhaustivamente durante 1 hora con tres cambios de 20’ para eliminar el exceso de anticuerpo que no se ha unido.

* A continuación, se equilibran las secciones durante 5’ con tampón acetato sódico 0,335 M pH = 5.

* A continuación, y una vez finalizadas las incubaciones correspondientes a la primera reacción inmunoquímica, se procede al revelado de la misma con el fin de visualizar los lugares en los que se ha unido el anticuerpo anti-NTR y por tanto donde se localiza el primer antígeno que queremos detectar. El revelado de la reacción se realiza en este caso utilizando el método de revelado descrito por *Shu et al.* (13).

Este revelador consta de dos soluciones que se preparan al igual que en el caso de los reveladores descritos anteriormente en el momento de usarla. Este revelador da un precipitado permanente de color azul oscuro insoluble en agua y en disolventes orgánicos.

* Una vez realizado el revelado de la primera reacción, se lavan las secciones durante 15' con tampón Coons.

* A continuación se equilibran las secciones nuevamente con la disolución de Tritón X-100 al 0,2% v/v en tampón Coons.

* A continuación se incuban las secciones con el anticuerpo 2º (Fragmento F(ab')2 obtenido en cabra, anti-IgG de conejo conjugado a HRP (Peroxidasa de Rábano picante), BIOSYS, Paris, France) a dilución 1/100 en la disolución de Tritón X-100 al 0,2% v/v en tampón Coons durante 1 hora.

* A continuación se realizan tres lavados consecutivos de 10’ en tampón Coons para eliminar el exceso de anticuerpo 2º que no se ha unido.

* A continuación se equilibran los cortes durante 15' con tampón Tris-HCl pH=7,6, tampón en el que se llevará a cabo el proceso de revelado de la reacción inmunohistoquímica.

* A continuación, y una vez finalizadas las incubaciones con los diferentes anticuerpos, se procede al revelado de la reacción inmunoquímica, con el fin de visualizar los lugares en los que se ha unido el anticuerpo y por tanto donde se localiza el antígeno que queremos detectar. El revelado de la reacción se realiza en este caso utilizando como revelador o sustrato cromogénico 3,3-Diaminobencidina-tetrahidrochloride (DAB) 0,5 mg/mL (Sigma, UK) y H_2O_2 al 0,2% v/v en tampón Tris-HCl pH=7,6. Esta disolución reveladora se prepara en el momento de usarla y en oscuridad y se filtra. El revelado se realiza igualmente en oscuridad, y la aparición de la señal se sigue bajo el microscopio.

* Una vez se obtiene la señal, el revelado se detiene introduciendo las secciones nuevamente en tampón Tris-HCl pH=7,6 donde se lavan exhaustivamente 15'.

* A continuación se lavan durante 15' más con agua destilada para eliminar restos de revelador que hayan podido ensuciar las secciones.

*A continuación se procede a la deshidratación de los cortes en una serie de alcoholes de gradación creciente y en dos baños de toluol para aclarar

Alcohol 96º....................3'

Alcohol 100º I.............3'

Alcohol 100º II............3'

Tolueno I.......................3'

Tolueno II.....................3'

Si la deshidratación está bien realizada, al introducir los cortes en el toluol este ha de permanecer transparente.

* Los cortes una vez deshidratados se montan con una gota de Eukitt (resina para el montaje de preparaciones permanentes) cuidando de que no se formen burbujas. Las secciones con ésta reacción se guardan indefinidamente y a temperatura ambiente.

3.1.5.-Controles de especificidad de la reacción inmunohistoquímica.

En todos los experimentos realizados se llevaron a cabo los controles de especificidad pertinentes, concretamente se realizaron los siguientes controles:

1.- Un control sin anticuerpo (ni Anticuerpo.1º ni Anticuerpo 2º).

2,-Un control sólo con Anticuerpo 1º (Antisuero específico)

3.- Un control sólo con Anticuerpo 2º

4.- Un control incubado con el anticuerpo 1º (antisuero específico), el cual previamente había sido incubado o pre-adsorbido con su antígeno heterólogo o con su antígeno homólogo.

Ninguno de los controles dio señal, lo cual confirmó la especificidad de la señal con cada uno de los anticuerpos.

Todos los antisueros específicos utilizados en estos experimentos fueron obtenidos en conejo (antisueros policlonales).

3.1.6.-Disoluciones para inmunohistoquímica.

A continuación, se detallan todas las disoluciones y tampones utilizados en los experimentos de inmunohistoquímica. Todas las cantidades empleadas están referidas a la preparación de un litro (1L) de disolución tampón a menos que se indique lo contrario.

1.- Disoluciones para la fijación

1.1.- Disolución de NaCl al 0,9%

1.2.- Disolución fijadora.

500 mL de paraformaldehido al 4%

500 mL de tampón fosfato 0,2 M.

2 gr de ácido pícrico.

1.3.- Disolución para gelatinizar portaobjetos

500 mL de agua destilada.

0,15 gr de alumbre de cromo.

1,5 gr de gelatina en polvo

3.- Tampón Coons pH = 7,4.

4,12 gr de veronal sódico (Barbitúrico).

17 gr de NaCl.

1,1 gr de Thimerosal (Antioxidante).

Estas cantidades están referidas a la preparación de 1000 mL a concentración 2X, que posteriormente se diluye con agua destilada en proporción 1:1 para su utilización.

4.- Tampón Coons-Tritón X-100.

1L de tampón Coons 1X.

2 mL de Tritón X-100.

5.- Tampón Tris pH = 7,6.

6,06 gr, de Tris-Hidrocloride.

1,39 gr. de Trizma-Base.

El pH se ajusta con HCI en caso de ser necesario.

6.- Tampón Fosfato 0,2M pH = 7,2

6.1.- Tampón fosfato disódico 0,2M.

35,6 gr. de $HNa_2PO_4.(2H_2O)$.

71,6 grs de $HNa_2PO_4.(12H_2O)$.

6.2.-Tampón fosfato monosódico 0,2M.

31,2 gr. de $H_2NaPO_4.(2H_2O)$.

27,6 gr. de $H_2NaPO_4.(1H_2O)$.

Estos tampones se utilizan en la siguiente proporción: tampón HNa_2PO_4 0,2M 720 mL y tampón H_2NaPO_4 0,2M 385 mL.

7.- Disolución de saturación.

Disolución de Caseína o leche desnatada al 0,5% p/v en tampón Coons 1X.

8.- Disolución crioprotectora.

Disolución de sacarosa al 20% p/v en tampón Coons 1X.

9.- Disoluciones para la elución (Eliminación del precipitado de color y el doble anticuerpo).

Disolución de H_2SO_4 al 1% v/v (stock 5%) y $KMnO_4$ al 2,5% v/v (stock 2,5%).

Disolución de metabisulfito potásico ($K_2S_2O_5$) al 0,5% v/v.

10.- Disoluciones reveladoras.

Los reveladores utilizados han sido los siguientes:

10.1.- 4-C1,1-Naftol.

8 mg. de 4-C1,1-Naftol.

100 mcL de dimetilformamida.

20 mL de tampón Tris pH = 7,2.

10 mcL deH_2O_2 al 30% v/v.

Se pesa el cloro naftol, se le añade la dimetilformamida para diluirlo, se añade a continuación el tampón Tris y se filtra rápidamente para evitar que se formen cristales; finalmente se añaden los 10 mcL deH_2O_2 al 30% v/v.

10.2.- 3,3 -Diaminobenzidina (DAB).

I0 mg. de DAB. 20 mL de tampón Tris pH = 7,2.

10 mcL deH_2O_2 al 30% v/v.

Se pesa la diaminobencidina, se añade a continuación el tampón Tris se agita hasta su completa disolución y a continuación se filtra; finalmente se añaden los 10 mcL deH_2O_2 al 30% v/v.

1 0.3. - 3-amino,9-etilcarbazol.

4 mg. de 3-amino,9-etilcarbazol.

100 mcL de dimetilformamida.

10 mL de tampón acetato sódico 0,05M pH = 5.

50 mcL de H_2O_2 al 30% v/v.

Se pesa el amino etil carbazol, se le añade la dimetilformamida para diluirlo, se añade a continuación el tampón Tris y se filtra rápidamente para evitar que se formen cristales; finalmente se añaden los 10 mcL deH_2O_2 al 30% v/v.

10.4.- Revelador de Shu (Shu et al. 1.988).

200 mL de tampón acetato sódico 0,335M pH = 6.

100 mL de agua destilada.

5 gr. de níquel amonio sulfato.

400 mg. de glucosa.

80 mg. de NH_4Cl.

50 mg. de DAB.

3 mg. de glucosa oxidasa.

Se toman 100 mL de tampón acetato sódico y se diluyen en ellos los 5 gr. de níquel amonio sulfato, los 400 mg. de glucosa y los 80 mg. de NH_4Cl. Añadir a los 100 mL de agua destilada los 50 mg. de DAB. y filtrar. Mezclar a continuación las dos disoluciones y añadir justo antes de su utilización los 3 mg. de glucosa oxidasa.

4.-Detección del *mARN* específico del gen de la *neurotensina/neuromedina N* en adenohipófisis de rata mediante hibridación *in situ* no radiactiva.

4.1.- Protocolo para el marcaje de la sonda con Dig 11-dUTP.

La sonda utilizada, fue un oligonucleótido sintético de 39 nucleótidos complementaria a una región de la secuencia del *mARN* del gen de la *neurotensina/neuromedina N*. El marcaje se realizó en el extremo 3' del oliginucleótido usando el método de la transferasa terminal.

* La cantidad de sonda utilizada para la reacción de marcaje, fue de 50 ng. Se incubaron los 50 ng. de sonda (2,5 mcL) en agua estéril hasta completar un volumen total de 11,5 mcL.

* Se incubó a continuación durante 5' a 65ºC para desplegar o abrir el oligonucleótido y romper posibles estructuras secundarias que se hallan formado.

* A continuación se pasa rápidamente a hielo hasta el momento de incubar la reacción de marcaje y se añaden de forma secuencial los demás reactivos.

4 mcL de tampón de la enzima (transferasa terminal).

2,5 mcL de Digoxigenina 11-dUTP (nmol/mcL).

2 mcL de transferasa terminal (Gibco BRL) (15 U/mcL).

* Mezclar en vortex, dar un pulso de centrífuga e incubar durante dos horas a 37ºC.

* Finalizado el periodo de incubación, se para la reacción añadiendo 1 mcL de EDTA 0,5M pH = 8 y 1 mcL *tARN* de levadura.

* A continuación se precipita la sonda añadiendo 1/10 vol de NaCl 4M y 2,5 vol. de etanol 100.
* Se deja precipitando durante toda la noche a -20ºC.
* Al día siguiente, se centrifuga durante una hora a 4ºC, se decanta, se lava el exceso de sales con etanol 70 y etanol 100 sucesivamente y finalmente se resuspende la sonda en 50 mcL de TE (Tris-EDTA).
* A continuación se almacena a -20ºC hasta el momento de utilizarla.

4.2.-Procesado de las secciones para hibridación in situ.

En primer lugar, el material para hibridación *in situ*, se ha fijado utilizando una disolución fijadora de paraformaldehido al 2% en tampón fosfato. Además, la postfijación tras la perfusión del animal fue de una hora en lugar de tres como se realizó para inmunohistoquímica. Por supuesto, es imprescindible para todo el tratamiento disponer de material estéril y además todas las disoluciones han de ser preparadas con agua estéril o bien autoclavadas después de preparadas dependiendo de qué soluciones se trate. Las secciones al igual que para inmunohistoquímica se recogen sobre portaobjetos gelatinados con la diferencia de que la solución empleada para gelatinizar los portaobjetos en este caso difiere de la usada para inmunohistoquímica en las cantidades de algunos de los reactivos, de hecho, se trata de una disolución con mayor capacidad adherente.

1.- PREHIBRIDACIÓN

Las secciones han de sacarse una hora antes del congelador de -80ºC y dejarlas secar completamente al aire, pues se corre el riesgo si no es así de que se despeguen en alguno de los pasos de la reacción. Una vez bien secas, las secciones se procesan de acuerdo con el siguiente protocolo experimental:

* Prehibridar las secciones durante una hora en tampón de prehibridación 2 x 30'.

* A continuación, las secciones se deshidratan en tres baños consecutivos de etanol absoluto (100). Una vez deshidratadas se dejan secar las secciones completamente.

2.- HIBRIDACIÓN

A continuación, se incuban las secciones con un volumen de 35 mcL del tampón de hibridación (tampón de prehibridación + sonda marcada) durante toda la noche (o/n) en cámara húmeda a 42ºC y se les colocó un cubreobjetos. La cantidad de sonda marcada que se añade a cada portaobjeto es de 4 ng. algo más de lo que se suele añadir, pero ello se debe a que las cantidades de *mARN*, en este caso, presentes en la hipófisis son muy pequeñas, con lo cual la señal podría no detectarse si se utilizan cantidades de sonda inferiores a ésta. Lo mismo ocurre en inmunohistoquímica, donde las diluciones utilizadas para los antisueros siempre son más bajas, es decir los antisueros o anticuerpos se utilizan más concentrados que cuando que en otras estructuras corno por ejemplo el cerebro. La cantidad de sonda marcada se estimó mediante un procedimiento de dot blot utilizando una serie de diluciones realizadas a partir de una disolución stock de sonda marcada de concentración conocida.

3.- POSTHIBRIDACION

Finalizada la hibridación, las secciones se lavaron con una disolución de SSC4X (solución salina citrato) a 4ºC hasta que los cubreobjetos se despegaron por si solos.

* A continuación se lavaron las secciones durante una hora (15' y 45') con una disolución de SSC1X a temperatura ambiente.

* A continuación se lavaron las secciones durante una hora (15' y 45') con una disolución de SSC1X a 40ºC.

* A continuación se lavaron las secciones durante una hora (15' y 45') con una disolución de SSC 0,1X a 40ºC.

Una vez realizados los lavados de alta astringencia, se procede al proceso de detección inmunológica, para ello:

* Se equilibran las secciones durante 5' con tampón STMT 1M pH = 7,5.

* A continuación, se incuban las secciones durante una hora con una disolución de caseína al 0,5% p/v en tampón STMT 1M pH = 7,5 para saturar los lugares de unión inespecíficos.

* A continuación, se incuban las secciones con el anticuerpo anti-digoxigenina conjugado a fosfatasa alcalina (Anti-Digoxigenin-AP Fab fragment (BOEHRINGER MANNIHEIM, Alemania)) durante una hora a dilución 1/300 preparado en la disolución de caseína al 0,5% p/v (disolución de saturación).

* A continuación, finalizada la incubación con el anticuerpo, se realizan varios lavados durante una hora en tampón STMT 1M pH = 7,5 para eliminar el exceso anticuerpo que no se ha unido.

* A continuación, se equilibran las secciones durante 20' con tampón STM 1M pH = 9,5.

* A continuación, se equilibran las secciones durante 5' con tampón STM 0,1 M pH = 9,5.

* A continuación, se procede al revelado de la reacción inmunoquímica incubando las secciones en la disolución de revelado. La disolución de revelado en este caso, consiste en una mezcla de dos sustratos, el BCIP (5-Bromo-4-chloro-3-indoxyl phosphate) y el NBT (nitroblue tetrazolium) diluidos en tampón STM 0,1M pH = 9,5. Esta disolución reveladora se prepara en el momento de utilizarla y se hace en oscuridad tanto su preparación como el revelado de la reacción inmunoquímica. El tiempo de revelado depende mucho de cada caso particular, pero puede oscilar entre tres y cinco horas. Este revelador da un precipitado de color azul violáceo muy intenso que es insoluble en agua. La aparición de la señal se sigue bajo el microscopio, y una vez ha aparecido se para la reacción en un baño de tampón STMT 1M pH = 7,5. A continuación, se lavan las secciones con agua destilada durante una hora para eliminar todas las impurezas del proceso de revelado que hayan podido quedar adheridas a las secciones. Finalmente, las secciones se montan con un medio acuoso, en este caso hemos utilizado glicerina tamponada. Las secciones con ésta reacción se almacenan a 4ºC y en oscuridad.

4.3.- Controles de especificidad de la reacción de hibridación in situ

En todos los experimentos realizados se llevaron a cabo los controles de especificidad pertinentes, concretamente se realizaron los siguientes controles:

1.- Un control sin sonda marcada.

2.- Un control con sonda marcada previamente incubada con un exceso de sonda no marcada. Ninguno de los controles dio señal, lo cual confirmó la especificidad de la señal obtenida.

Toda la parte fotográfica en blanco y negro se realizó en el Departamento de Biología Celular, el cual dispone de fotomicroscopios y equipo de revelado y positivado fotográfico. La parte fotográfica en color fue realizada en un estudio fotográfico externo.

4.4.- Disoluciones para hibridación in situ no radiactiva

Todas las soluciones para hibridación in situ se prepararon con agua estéril o autoclavada.

1.- Disoluciones para la fijación

1.1.- Disolución de NaCl al 0,9%

1.2.- Disolución fijadora.

500 mL de paraformaldehido al 2%

500 mL de tampón fosfato 0,2 M.

1.3.- Disolución para gelatinizar portaobjetos

500 mL de agua destilada estéril.

10 gr de alumbre de cromo.

10 gr de gelatina en polvo.

2.- Tampón de prehibridación.

SSC 4X.

Denhart's 100X al 3%.

Sarcosyl 20X al 1%.

Se prepara en el momento de utilizarla.

3.- Tampón de hibridación.

5 mL de formamida desionizada.

1 mL de SSC 20X.

2 mL de sulfato de dextrano.

500 mcL de Sarcosyl 20X.

250 mcL de DNA heterólogo (1 mg/mL).

1,25 mL de agua estéril.

Se prepara, se alicuota y se almacena a -20ºC

4.- Tampón STMT 1M pH = 7,5.

58,4 gr. de NaCl.

12,1 gr. de trizma-base.

406 mg. de $MgCl_2.6H_2O$.

500 mcL de Tween 20 (detergente aniónico).

Agua estéril hasta completar un litro. Ajustar a pH 7,5 y filtrar.

5.- Tampón STM 1M pH = 9,5.

58,4 gr. de NaCl.

12,1 grs de trizma-base.

1 gr. de $MgCl_2.6H_2O$.

Agua estéril hasta completar un litro. Ajustar el pH a 9,5 y filtrar.

6.- Tampón STM 0,1M pH = 9,5.

5,84 gr. de NaCl.

12,1 gr. de trizma-base.

1gr. de $MgCl_2.6H_2O$.

Agua estéril hasta completar un litro. Ajustar a pH = 9,5 y filtrar.

7.- Denhart's 100X.

2 gr. de Albúmina bovina.

2 gr. de Ficoll 400.

2 gr. de Polivinilpirrolidona.

100 mL de agua estéril. Filtrar alicuotar y almacenar a-20'C.

8.- Sarcosyl 20X.

5 gr. de L-laurylsarcosina.

25 mL de agua estéril.

Filtrar y almacenar a 4ºC.

9.- SSC 8X.

70,1 gr. de NaCl.

35,3 gr. de citrato sódico.

Agua estéril hasta completar un litro.

10.- Solución de sustrato revelador (BRL).

330 mcL de BCIP.

440 mcL de NBT.

100 mL de STM 0,1M pH = 9,5.

Esta solución se prepara en el momento de utilizarla, se filtra y se almacena a 4ºC. Esta solución puede reutilizarse varias al menos.

5.-RESULTADOS

A continuación, se presentan los resultados obtenidos en los distintos experimentos llevados a cabo. Primero se exponen los resultados obtenidos en los diferentes experimentos de inmunohistoquimica y a continuación los resultados obtenidos durante la puesta a punto de la técnica de hibridación *in situ* no radiactiva.

La figura 1 muestra la estructura hipofisaria con los lóbulos anterior y posterior de la misma (Fig. 1.1, 1.2), así como el patrón de distribución celular que muestran los dos tipos celulares con los que colocaliza la NT, células tireotropas (•) y células gonadotropas (★). Estas imágenes han sido obtenidas a partir de series pertenecientes a la histoteca del área de Biología Celular, de la Universidad de La Laguna

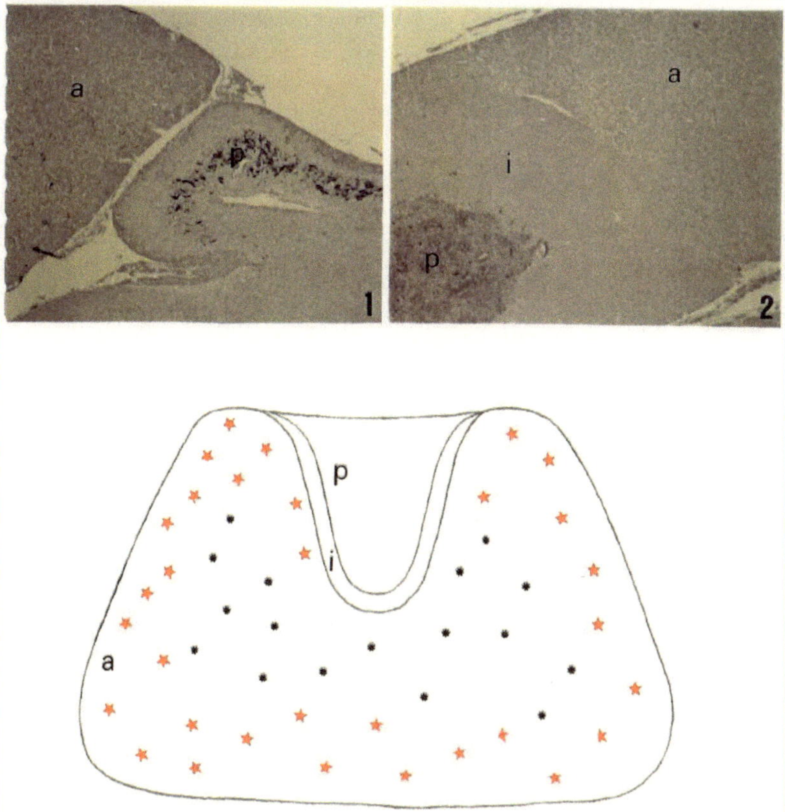

Figura 1. Secciones sagitales teñidas con azul alcian que muestran, por un lado, los lóbulos anterior (a) y posterior (p) de la hipófisis (1) y por otro lado, los lóbulos anterior (a) e intermedio (i) de la adenohipófisis así como el lóbulo posterior (p) (2). Representación esquemática de una sección horizontal de adenohipófisis que muestra la distribución de células tireotropas (•) y gonadotropas (★). (1,2) x 100.

5.1.- Detección de células NT-ir en la adenohipófisis de rata durante el desarrollo posnatal.

La presencia de las primeras células NT-ir en la adenohipófisis de ratas de ambos sexos, se detectó al final de la primera semana de vida posnatal en zonas del interior de la adenohipófisis. La cantidad de células NT-ir se incrementó progresivamente durante la segunda (Fig. 2) y tercera semana de vida posnatal. A partir de la tercera semana de vida posnatal se detectaron células NT-ir en los bordes de la adenohipófisis en animales de ambos sexos (Fig. 2). Los experimentos de elución retratamiento mostraron la coexistencia del péptido NT con dos de las hormonas adenohipofisarias, concretamente con las hormonas glicoprotéicas TSH y FSH. Se comprobó que las primeras células NT-ir detectadas en las 2 primeras semanas de vida posnatal en el interior de la adenohipófisis eran células tireotropas TSH-ir (Fig. 2), mientras que las células NT-ir detectadas en los bordes de la adenohipófisis a partir de la tercera semana de vida posnatal eran células gonadotropas FSH-ir (Fig. 2). A partir de la cuarta semana de vida posnatal, comenzaron a observarse ligeras diferencias entre ambos sexos en la distribución de células NT-ir en la adenohipófisis (Fig. 3), que se mantuvieron hasta la edad adulta.

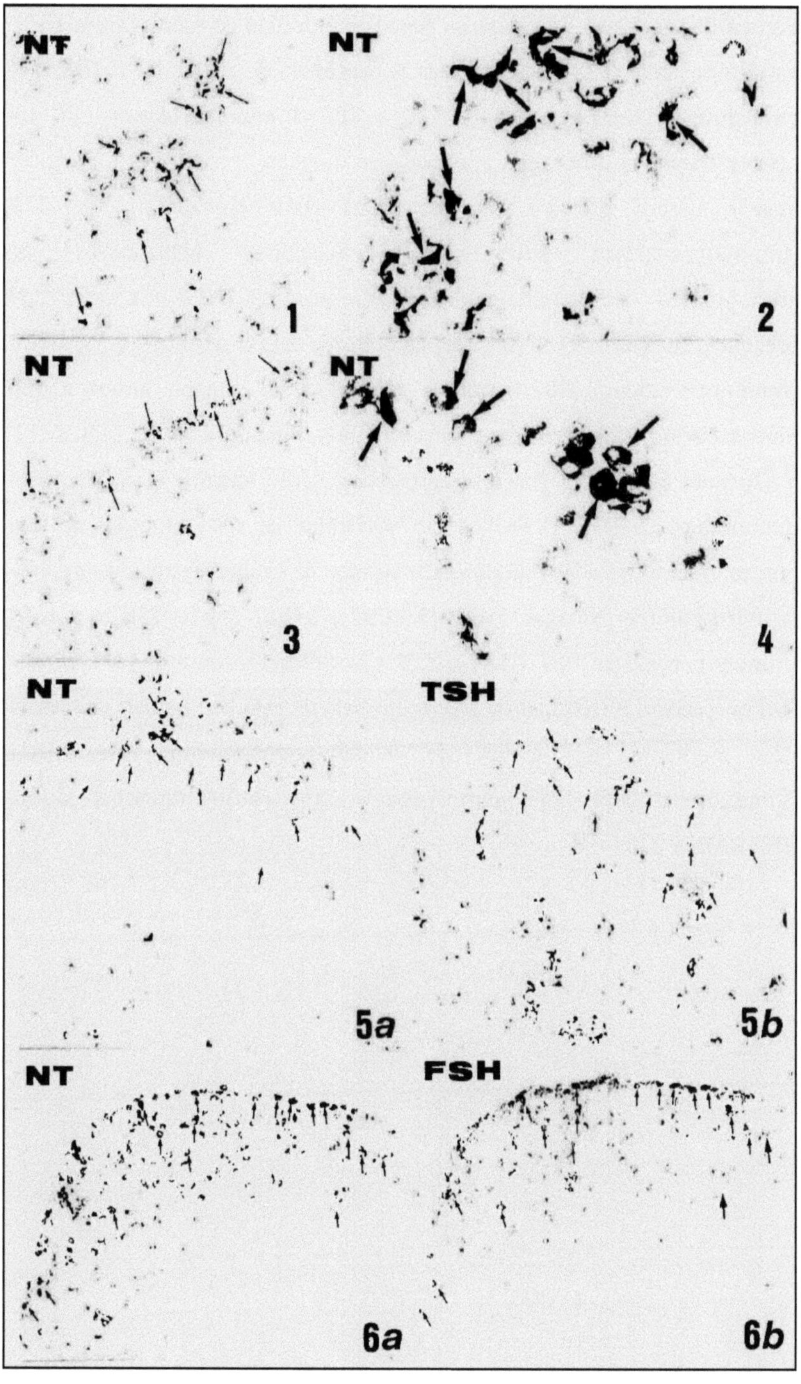
NT
1
NT
2
NT
3
NT
4
NT
5a
TSH
5b
NT
6a
FSH
6b

Figura 2. Secciones horizontales de adenohipófisis de rata hembra en el estadio posnatal (P14) que muestra la presencia de células NT-ir (flechas) en el interior del lóbulo anterior (1) x 200 (Inmunoperoxidasa HRP-Cl-naltol). Detalle de la imagen anterior que muestra la morfología irregular, más o menos alargada de las células NT-ir (flechas) (2) x 575 (Inmunoperoxidasa HRP-Cl-naltol). Secciones horizontales de adenohipófisis de rata macho en el estadio posnatal (P25) que muestra la presencia de células NT-ir (flechas) en el borde del lóbulo anterior (3) x 230 (Inmunoperoxidasa HRP-Cl-naltol). Detalle de la imagen anterior que muestra la morfología regular y más o menos redondeada de las células NT-ir (flechas) (4) x 575 (Inmunoperoxidasa HRP-Cl-naltol). Colocalización inmunoquímica NT-TSH en sección horizontal de adenohipófisis de rata macho en el estadio P14 mediante la técnica de elución-retratamiento, NT-ir (Inmunoperoxidasa HRP-Cl-naftol) (5a) y TSH-ir (5b) (Inmunoperoxidasa HRP-DAB) x 270. Colocalización inmunoquímica NT-FSH en sección horizontal de adenohipófisis de rata hembra en el estadio P26 mediante la técnica de elución-retratamiento, NT-ir (6a) (Inmunoperoxidasa HRP-Cl-naftol) (6a) y FSH-ir (6b) (Inmunoperoxidasa HRP-DAB) x 270.

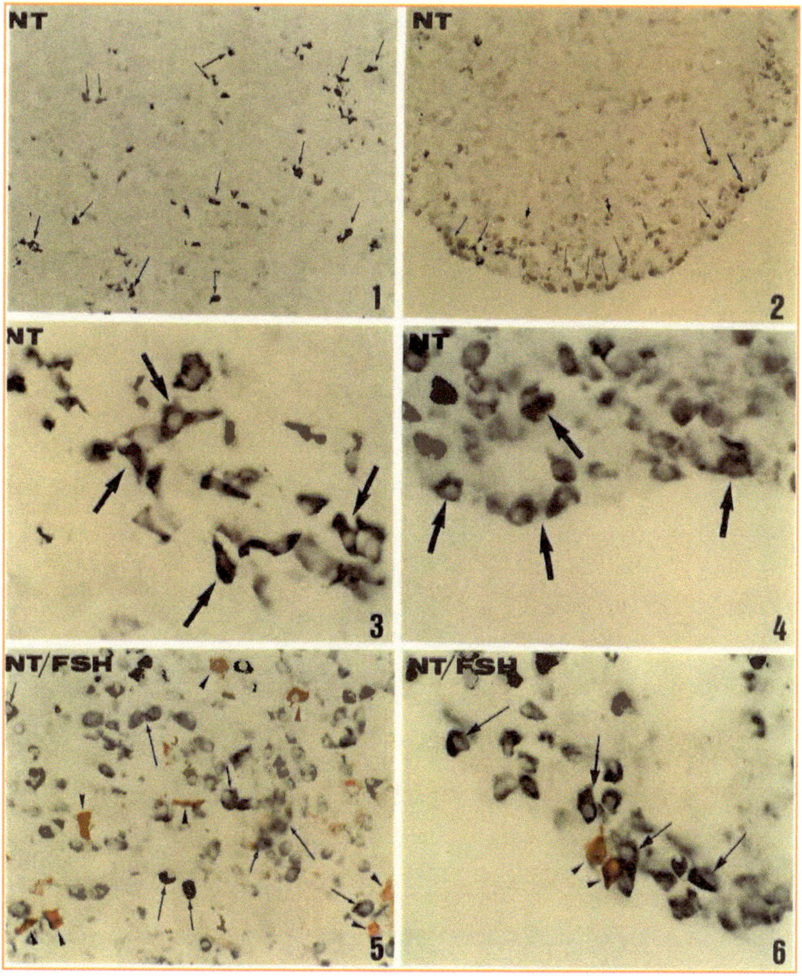

Figura 3. Sección horizontal de adenohipófisis de rata macho en el estadio posnatal (P30) que muestra la presencia de células NT-ir (flechas) en el interior del lóbulo anterior (1) x 220 (Inmunoperoxidasa HRP-Cl-naltol). Sección horizontal de adenohipófisis de rata hembra en el estadio posnatal (P32) que muestra la presencia de células NT-ir (flechas) en el interior del lóbulo anterior (1) x 200 (Inmunoperoxidasa HRP-Cl-naltol). 3,4) Detalles de las imágenes anteriores que muestras la morfología de los diferentes

tipos de células NT-ir presentes en la adenohipófisis (flechas) x 800 (Inmunoperoxidasa HRP-Cl-naltol). (5,6) Colocalización mediante doble marcaje inmunohistoquímico de células NT-ir (puntas de flecha) (Inmunoperoxidasa HRP-AEC) y células FSH-ir (flechas) (Inmunoperoxidasa HRP-Cl-naltol) (5) x 450 y (6) x 800.

5.2.- Detección de células NT-ir en la adenohipófisis de rata adulta.

La presencia de células NT-ir en la adenohipófisis de ratas adultas mostró claras diferencias entre machos y hembras (datos no mostrados). La expresión del péptido se estudió en la rata hembra ciclante. Los resultados mostraron una variación de la misma a lo largo de las distintas fases del ciclo estral. En la primera fase del ciclo, la fase de proestro, se detectó la presencia de células NT-ir en gran proporción, tanto en los bordes como en interior de la adenohipófisis (Fig. 4). Los experimentos de colocalización, mostraron coexistencia del péptido con la FSH en las células de los bordes, así como con la TSH en las células del interior de la adenohipófisis a lo largo de ésta fase produciéndose variaciones en la distribución del péptido a lo largo de la misma (datos no mostrados).

En la siguiente fase, la fase de estro, se observó una disminución drástica en la cantidad de células NT-ir tanto en los bordes como en el interior de la adenohipófisis (Fig. 4). Las células NT-ir detectadas en esta fase, fueron todas TSH-ir a lo largo de las fases de diestro I y II, se observó un discreto aumento en la cantidad de células NT-ir que fueron todas TSH-ir.

La castración durante la fase de diestro mostró una discreta disminución de la cantidad de células NT-ir. La suplementación con

17β-estradiol y con progesterona, mostró un aumento en la expresión del péptido, obteniéndose un patrón de expresión similar al observado en la fase de proestro (Fig. 4).

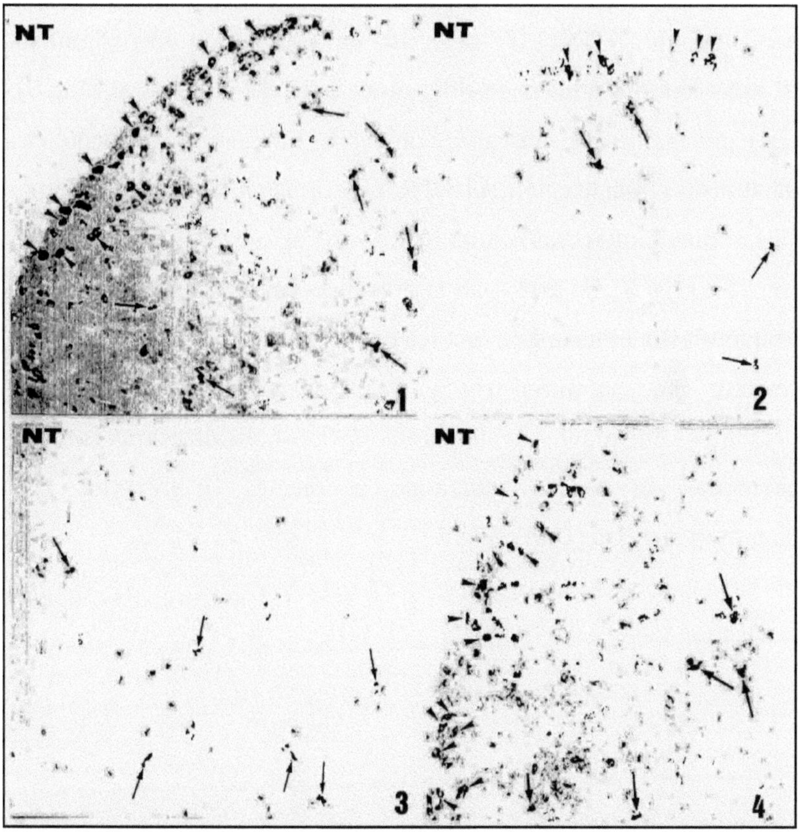

Figura 4. Secciones horizontales de adenohipófisis de ratas hembra adultas en las diferentes fases del ciclo estral mostrando los dos tipos de células NT-ir, tireotropas (flechas) y gonadotropas (puntas de flecha) en las fases de proestro (1), estro (2) diestro (3) y en una hembra castrada y suplementada con 17β-estradiol y progesterona. x 330 (Inmunoperoxidasa HRP-Cl-naltol).

5.3.- Detección de células NTR-ir en la adenohipófisis de rata adulta.

La presencia de inmunoreacción para el receptor del péptido neurotensina (NTR-ir) fue detectada en células de la adenohipófisis de ratas hembra adultas en diferentes fases del ciclo estral (Fig. 5). Los experimentos de colocalización con las hormonas glucoprotéicas, mostraron colocalización del NTR, principalmente con la hormona FSH, si bien numerosas células NTR-ir no colocalizaron ni con FSH ni con TSH (Fig. 5). En este caso, la presencia de células NTR-ir se puso de manifiesto, utilizando la técnica de revelado de *Shu* et al. (13), más sensible que las anteriores y que permite detectar antígenos presentes en menor concentración. La colocalización con las hormonas se realizó utilizando la técnica de revelado con diaminobencidina (DAB) (Fig. 5).

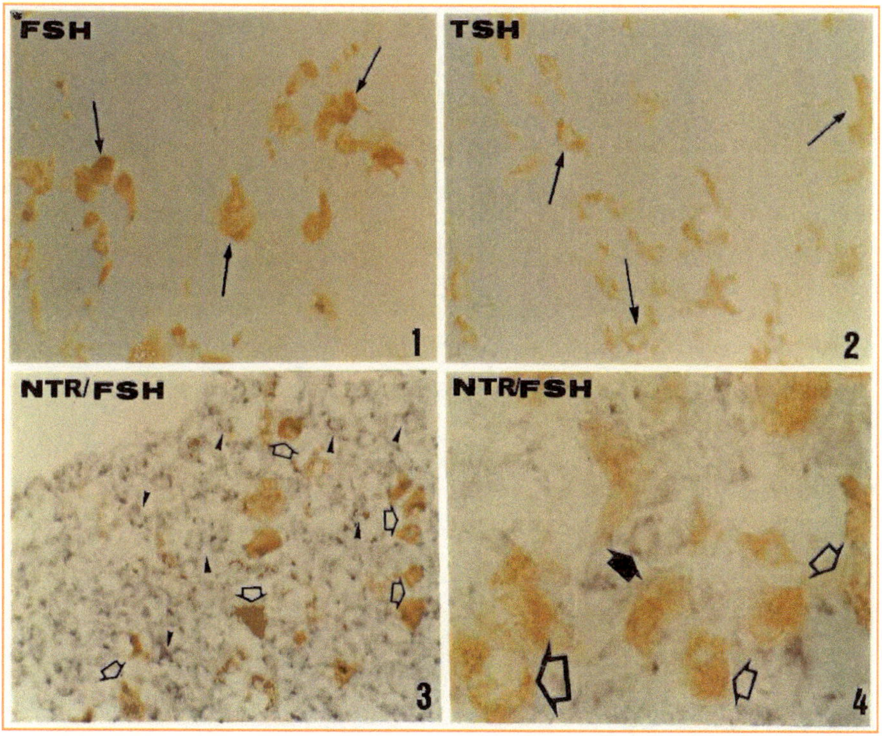

Figura 5. Secciones horizontales de adenohipófisis de ratas hembra adultas mostrando las características inmunoreactivas y morfología de las células FSH-ir (flechas) (1) (Inmunoperoxidasa-HRP-DAB) y de las células TSH-ir (flechas) (2) (Inmunoperoxidasa-HRP-DAB). Colocalización mediante doble marcaje inmunohistoquímico del receptor de NT (NTR) (puntas de flecha y flechas gruesas llenas) con la hormona FSH (flechas gruesas vacias). NTR-ir (Revelado técnica de Shu), FSH-ir (Inmunoperoxidasa-HRP-DAB) (3,4). (1, 2) x 330, (3) x 450 (4) x 800.

5.4.- Detección del mARN del gen de la neurotensina/neuromedina N en la adenohipófisis de rata adulta.

Para la puesta a punto de la técnica de hibridación *in situ* no radiactiva para la detección del mARN de la NT/N, se utilizaron ratas hembra adultas en una fase del ciclo estral que no fue determinada previamente. Los experimentos de hibridación, dieron resultados positivos, permitiendo detectar la presencia del *mARN* en células de la adenohipófisis, principalmente en células del interior de la adenohipófisis (Fig. 6).

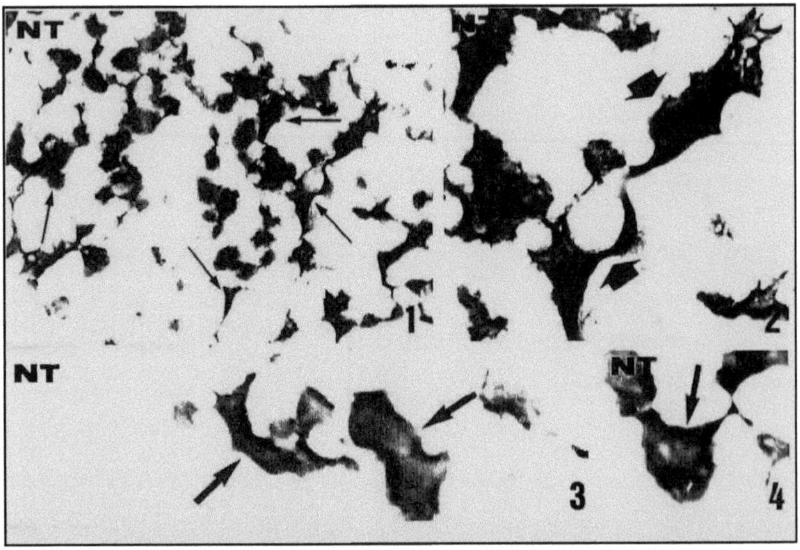

Figura 6. Secciones horizontales de adenohipófisis de rata hembra adulta mostrando células *mARN* para el gen de la *neurotensina/neuromedina N* positivas (flechas) (Inmuno-AP) (1) x 350, (2) x 875, (3,4) x 1.125.

6.- DISCUSIÓN

En el presente trabajo, se han desarrollado una serie de técnicas inmunohistoquímicas en las cuales se han combinado diferentes métodos de detección y revelado, en concreto se ha utilizado, por un lado, la técnica de inmunoperoxidasa indirecta utilizando un anticuerpo secundario conjugado directamente a peroxidasa de rábano picante, combinada con diferentes métodos de revelado y, por otro lado, la técnica de biotina-streptavina-peroxidasa combinada igualmente con diferentes métodos de revelado. La utilización de este tipo de técnicas es enormemente versátil como ha sido demostrado en numerosos trabajos de investigación (1,3,4,8-17). Desde el punto de vista de los objetivos que se pretende alcanzar, estas técnicas ofrecen una multitud de variantes y combinaciones que permiten afinar y ajustar los protocolos experimentales para lograr la detección de numerosos antígenos a nivel tisular, consiguiendo de esta manera alcanzar los objetivos experimentales planteados.

En concreto, en el desarrollo de ésta memoria experimental metodológica se ha puesto de manifiesto como la utilización de variantes inmunoquímicas que permiten amplificar la señal de detección, como es el uso del sistema biotina-estreptavidina-peroxidasa (complejo ABC), permite detectar en el caso de la adenohipófisis la presencia de moléculas cuyo nivel de expresión en determinados momentos fisiológicos o en determinadas etapas del desarrollo, puede ser bajo o muy bajo, como es el caso de numerosos péptidos reguladores (13-16). En concreto, este sistema detección basa su capacidad de amplificación de la señal inmunoquímica en el siguiente principio. La biotina es una vitamina de muy bajo peso molecular, perteneciente al complejo B que tiene una notable afinidad por la *avidina,* una glicoproteína que comúnmente se encuentra en la clara de huevo, y también por la estreptavidina, una proteína tetramérica que sintetiza la bacteria *Streptomyces avidinii* y cuya afinidad por la biotina, es comparable a la de la avidina. Estas dos moléculas se unen de una manera irreversible y muy rápida; esta unión es un millón de veces mayor que la mostrada por la unión antígeno-anticuerpo. Debe considerarse que el complejo ABC se halla formado por una red tridimensional de múltiples moléculas de peroxidasa biotiniladas y entrelazadas con la estreptavidina. Las ventajas de esta técnica son el ahorro de reactivos, mínima tinción de fondo y, lo más importante, una elevada sensibilidad que se explica por el proceso de amplificación que ocurre al corresponder a un lugar de unión antigénica múltiples moléculas de peroxidasa activa. Sin embargo, es de importancia considerar que ciertos tejidos como hígado, riñón y sistema nervioso contienen biotina y sustancias de estructura afín, las cuales pueden fijar el complejo ABC, produciendo resultados erróneos (falsos positivos), por lo que es necesario introducir en los protocolos experimentales pasos previos con la finalidad de bloquear dichas sustancias.

Por lo tanto, teniendo en cuenta las características de este sistema de detección inmunoquímica, dicha técnica podría resultar de enorme utilidad para estudios en la adenohipófisis, principalmente aquellos que involucren la necesidad de detectar péptidos reguladores como la NT, la galanina (Gal), el neuropéptido Y

(NPY) o el péptido intestinal vasoactivo (VIP), moléculas todas estas que presentan habitualmente bajos niveles de expresión tisular.

Por otra parte, además del empleo de sistemas capaces de amplificar la señal de los antígenos que queremos detectar, existen igualmente diferentes sistemas de revelado de la reacción inmunoquímica con distinto grado de sensibilidad, como algunos de los que se han utilizado en esta memoria, en concreto los sistemas de revelado que utilizan como sustratos cromogénicos el cloro-naftol y el amino-etil-carbazol, son sistemas de revelado de gran sensibilidad que posibilitan además la realización de técnicas como la elución-retratamiento para la detección y colocalización de dos o más antígenos presentes en una misma célula de forma secuencial. Esta técnica de elución-retratamiento, descrita por *Tramu et al.* (17), permite eliminar la señal de la primera reacción inmunoquímica para ejecutar una segunda reacción y, dependiendo del tipo de tejido, repetir dicho proceso para ejecutar hasta una tercera reacción, pudiendo detectar la presencia de hasta 3 antígenos en la misma célula. Hay que tener en cuenta que el tratamiento necesario para eluir el doble anticuerpo o el complejo anticuerpo-sistema ABC, requiere el uso de reactivos que pueden dañar y retraer el tejido, dificultando en algunos casos la detección y correcta colocalización del segundo antígeno, motivo por el cual debemos realizar este procedimiento con extremo cuidado ejecutando de manera rigurosa el protocolo experimental y controlando de forma exhaustiva los tiempos de tratamiento indicados en él.

Además de mayor sensibilidad, existen otros sistemas de revelado que presentan, no solo mayor sensibilidad con respecto a otros reveladores clásicos como la diaminobencidina (DAB), sino que además intensifican la señal inmunoquímica, aumentando las posibilidades de detección de antígenos expresados a baja o muy baja concentración. Algunos de estos sistemas de revelado incluyen la combinación de DAB con sulfato de níquel amonio, y entre ellos destaca el sistema de revelado descrito por *Shu et al.* (13) que utiliza DAB combinado con sulfato de níquel amonio y con glucosa en un sistema que utiliza glucosa oxidasa en lugar de peroxidasa de rábano como catalizador de la reacción de revelado.

Con respecto a la técnica de hibridación *in situ* no radiactiva, que es la que se ha desarrollado y puesto a punto en esta memoria experimental, señalar que, al igual que las técnicas inmunohistoquímicas presenta también numerosas aplicaciones y puede resultar enormemente versátil (18). En nuestro caso se ha desarrollado y puesto a punto la técnica utilizando tanto marcaje radiactivo con ^{35}S, como marcaje no radiactivo utilizando deoxinucleótidos conjugados a digoxigenina, en concreto (Dig 11-dUTP). La técnica se ha puesto a punto en adenohipófisis para la detección del *mARN* del gen de la *neurotensina/neuromedina N*, y por tanto estudiar la expresión del péptido NT a nivel de *mARN*. Como sonda para la detección del mARN se ha diseñado un oligonucleótido sintético de 39 nucleótidos, complementario al *mARN* del gen de la *neurotensina/neuromedina N*. En ambos casos, tanto en los experimentos con radiactividad como en los no radiactivos, se obtuvo un rendimiento adecuado en la reacción de marcaje de la sonda. En esta memoria solo se muestran los resultados obtenidos en la serie de experimentos con sondas marcadas no radiactivamente. Si bien la técnica radiactiva presenta mayor sensibilidad, permitiendo detectar mARNs expresados a niveles bajos, la variante no radiactiva que hemos utilizado en esta memoria, utiliza un sistema de detección inmunoquímico para poner de manifiesto la sonda marcada, que presenta una alta sensibilidad. El sistema utilizado en nuestro caso consistió en un anticuerpo anti-digoxigenina conjugado directamente a la enzima fosfatasa alcalina. Esta enzima cataliza una reacción bisustrato entre el BCIP y el NBT que da un precipitado de color azul intenso. Como control positivo para la reacción de hibridación *in situ*, se ha utilizado una sonda (oligonucleótido sintético) complementario al *mARN* del gen de la *pro-opiomelanocortina* (POMC) expresado en altos niveles por las células corticotropas de los lóbulos anterior e intermedio de la adenohipófisis. El uso del control positivo, así como los correspondientes controles de especificidad de la reacción de hibridación *in situ*, ha permitido demostrar la especificidad de la señal obtenida con el oligonucleótido complementario del *mARN* del gen de la *neurotensina/neuromedina N* en las células adenohipofisarias del lóbulo anterior. Las ventajas de ésta técnica concreta son múltiples para realizar estudios de expresión a nivel de ARN mensajero, radicando el éxito de la misma, en la puesta a punto y optimización de las condiciones y características particulares de cada sistema experimental. En nuestro caso, el desarrollo y puesta a punto de ésta técnica un tanto complicada en parte por el material, secciones de tejido y en concreto tejido endocrino, y en parte por problemas inherentes a la propia técnica, como es el control que se ejerce sobre determinados parámetros del proceso de hibridación, al tratarse de un tejido y no, por ejemplo, de un soporte sólido, como sucede en las técnicas de southern blot y northern blot.

Hay que señalar también el hecho de poder combinar ambos tipos de técnicas, inmunohistoquímica e hibridación *in situ*, lo cual puede resultar muy útil a la hora de realizar determinados estudios de expresión génica *in situ*, es decir a nivel tisular. Combinando ambas técnicas y diferentes métodos de revelado, e incluso técnicas de detección inmunofluorescentes en ambos casos, podemos abordar diferentes objetivos experimentales en el estudio de los mecanismos de regulación neuroendocrinos.

7. CONCLUSIONES

Las conclusiones extraídas a partir de los resultados experimentales obtenidos en ésta memoria han sido las siguientes:

1.- La técnica inmunohistoquímica indirecta (inmunoperoxidasa-HRP) resulta útil para detectar el péptido neurotensina y su receptor en células adenohipofisarias.

2.- El uso de técnicas de amplificación de la señal inmunoquímica, además del uso de diferentes métodos de revelado, resultan útiles para detectar moléculas presentes a baja concentración en células adenohipofisarias.

3.- La técnica de elución-retratamiento permite detectar y colocalizar dos o más moléculas en la misma célula.

4.- La técnica de hidridación *in situ* no radiactiva, resulta útil para detectar el *mARN* del gen de la *neurotensina/neuromedina N* en células adenohipofisarias.

8. BIBLIOGRAFÍA

1.- Bello AR, Dubourg P, Kah O, Tramu G. Identification of Neurotensin-Inmunoreactive Cells in the Anterior Pituitary of Normal and Castrated Rats. ***Neuroendocrinology*** 1992, 55:714-723.

2.- Fernández-Treguerres JA. FISIOLOGÍA ENDOCRINA. Eudema Universidad, S.A. 1989.

3.- Lancha A, Batista MA, Dores RM. An analysis of the proopiomelanocortin systems in the pituitary of the squamate reptile *Lacerta galloti*. ***Gen Comp Endocrinol***. 1994, 93(3):438-447.

4.- Hyde JF, Keller BK. Galanin Secretion from Anterior Pituitary Cells in vitro is regulated by dopamine, Somatostatin and Thyrotroping Releasing Hormone. ***Endocrinology*** 1991, 128(2): 917 – 922.

5.- Carraway R, Leeman SE. The isolation of a new hypotensive peptide, neurotensin, from bovine hypothalami. ***J Biol Chem.*** 1973, 248(19):6854-6861.

6.- Carraway R, Leeman S. The Amino Acid Sequence of a Hypothalamic Peptide Neurotensin. ***J Biol Chem*** 1975, 250(5): 1907-1911.

7.- Carraway R, Leeman SE. The synthesis of neurotensin. ***J Biol Chem.*** 1975, 250(5):1912-1918.

8.- Lam KSL, Lechan RM, Minamitani N, Segerson PT, Reichlin S. Vasoactive Intestinal Peptide in the Anterior Pituitary is Increased in Hypotiroidism. ***Endocrinology*** 1989, 124(2):1077 -1084.

9.- Lam KSL, Srivastava G, Lechan RM, Lee T, Reichlin S. Estrogen Regulates the Gene Expression of Vasoactive Intestinal Peptide in the Anterior Pituitary. ***Neuroendocrinology*** 1990, 52: 417 -421.

10.- Hyde JF, Engle MG, Maley BE. Colocalization of Galanin and Prolactin within secretory granules of Anterior Pituitary Cells in Estrogen-treated Fisher 344 Rats. ***Endocrinology*** 199I, 129(1): 270-276.

11.- Bello AR, Kah O, Croix D, Ciofi P, Tramu G. Sexual dimorphism in the distribution of alpha-neoendorphin-like immunoreactivity in the anterior pituitary of the rat. ***J Neuroendocrinol.*** 1993 5(3):315-322.

12.- González M, Hernandez G, Reyes R, Tramu G, Alonso R, Bello AR. Influence des esteroides gonadiques sur l'expression de neurotensine dans l'antehypophyse du rat femelle. ***XXVème Colloque de la Société de Neuroendocrinologie Experimentale.*** Strasbourg, Francia. Septiembre 1996.

13.- Shu SY, Ju G, Fan LZ. The glucose oxidase-DAB-nickel method in peroxidase histochemistry of the nervous system. ***Neurosci Lett.*** 1988, 85(2):169-171.

14.- Marcos P, Corio M, Coveñas R, Tramu G. Neurotensin and tyrosine hydroxylase in the tuberoinfundibular system of the guinea pig hypothalamus with special emphasis to lactation status. ***Peptides*** 1996, 17(1):139-146.

15.- Gonzalez BJ, Basille M, Mei YA, Vaudry D, Fournier A, Cazin L, Vaudry H. Ontogeny of PACAP and PACAP receptors in the rat brain: role of PACAP in the cerebellum during development. Ann N Y Acad Sci. 1996, 805:302-313; discussion 313-314. Review.

16.- VIP regulation of embryonic growth. Hill JM, McCune SK, Alvero RJ, Glazner GW, Brenneman DE. ***Ann N Y Acad Sci.*** 1996, 805:259-268; discussion 268-269. Review.

17.- Tramu G, Pillez A, Leonardelli J. An efficient method of antibody elution for the successive or simultaneous localization of two antigens by immunocytochemistry. ***J Histochem Cytochem.*** 1978, 26(4):322-324.

18.- *In Situ* Hybridization. A Practical Approach. Edited by D.G. Wilkinson. The Practical Approach Series. IRL PRESS. 1992.